动物近距离观察手记 手绘版

动物寻踪

（比）蕾妮·哈伊尔/绘著　　李小彤等/译

CHISO SINCE 1956　新疆青少年出版社

图书在版编目（CIP）数据

动物近距离观察手记：手绘版．动物寻踪 / (比) 蕾妮·哈伊尔绘著 . –– 乌鲁木齐：新疆青少年出版社,2020.10（2021.1 重印）
ISBN 978-7-5590-6717-3

Ⅰ．①动… Ⅱ．①蕾… Ⅲ．①动物—少儿读物 Ⅳ．① Q95–49

中国版本图书馆 CIP 数据核字 (2020) 第 190426 号

图字：09-2020-007 号

Ik laat sporen achter
First published in Belgium and the Netherlands in 1999 by Clavis Uitgeverij, Hasselt-Amsterdam-New York.
Text and illustrations copyright© 1999 Clavis Uitgeverij, Hasselt-Amsterdam-New York.

Ik woon lekker knus
First published in Belgium and the Netherlands in 2001 by Clavis Uitgeverij, Hasselt-Amsterdam-New York.
Text and illustrations copyright ©2001 Clavis Uitgeverij, Hasselt-Amsterdam-New York.

Ik eet van alles
First published in Belgium and the Netherlands in 2003 by Clavis Uitgeverij, Hasselt-Amsterdam-New York.
Text and illustrations copyright © 2003 Clavis Uitgeverij, Hasselt-Amsterdam-New York.

Ik leef in het water
First published in Belgium and the Netherlands in 2000 by Clavis Uitgeverij, Hasselt-Amsterdam-New York.
Text and illustrations copyright © 2000 Clavis Uitgeverij, Hasselt-Amsterdam-New York.

动物近距离观察手记
动物寻踪（手绘版）　　　　　　（比）蕾妮·哈伊尔 / 绘著　李小彤等 / 译

出 版 人：徐　江	策　　划：许国萍	责任编辑：贺艳华
美术编辑：查　璇	封面设计：张春艳	责任校对：杨　斌
科学审校：王安梦	法律顾问：王冠华 18699089007	

出版发行：新疆青少年出版社　　　　地　　址：乌鲁木齐市北京北路 29 号（邮编：830012）
经　　销：全国新华书店　　　　　　印　　制：北京联合互通彩色印刷有限公司

开　　本：710mm×1000mm　1/16	印　　张：9
版　　次：2020 年 10 月第 1 版	印　　次：2021 年 1 月第 2 次印刷
字　　数：80 千字	印　　数：13 148-16 147
书　　号：ISBN 978-7-5590-6717-3	定　　价：35.00 元

制售盗版必究 举报查实奖励 :0991-7833927 版权保护办公室举报电话：0991-7833927
服务热线：010-58235012　　　　　如有印刷装订质量问题 印刷厂负责调换

前　言

　　"以自然之道，养万物之生。"这是中国古人的智慧，也是人类对未来的美好寄语。

　　人与自然是命运共同体，只有顺应大自然的客观规律，人类才能获得身心健康与和谐发展。

　　比利时画家蕾妮·哈伊尔前后历时二十多年创作的这套自然科普绘本，为这美好的未来做了一个扎实的铺垫。

　　她常年生活在山林，与动物为伴，收集了丰富的创作素材；她兼具高超的画技和故事创作能力，以自己的眼和手真实还原大自然，创作出这套充满艺术感的"动物观察手记"。从书中可以看出，她除了具有科学家细致入微的洞察力、逻辑思维能力和严谨的态度，还具有教育工作者耐心引导孩子思考、学习的能力以及深刻的人文情怀。为了便于小读者更直观地对自然进行观察，她在书中设计了场景式拉页，把一座森林里的动植物，或是天上、地下、水中的动物，或是动物的出生、成长等过程，都集中起来展示；为了便于小读者更投入地参与阅读，她巧妙地安排了互动游戏般的画面，可以让小读者通过图案、符号等自己去寻找问题的答案。

　　这些特质使她创作的内容焕发出持久的魅力，她的作品也因此入选荷兰皇家图书馆馆藏书目，获得诸多荣誉！

　　建设万物和谐的美丽世界，就从认识我们的动物朋友，探索丰富多彩的自然世界开始！

编者

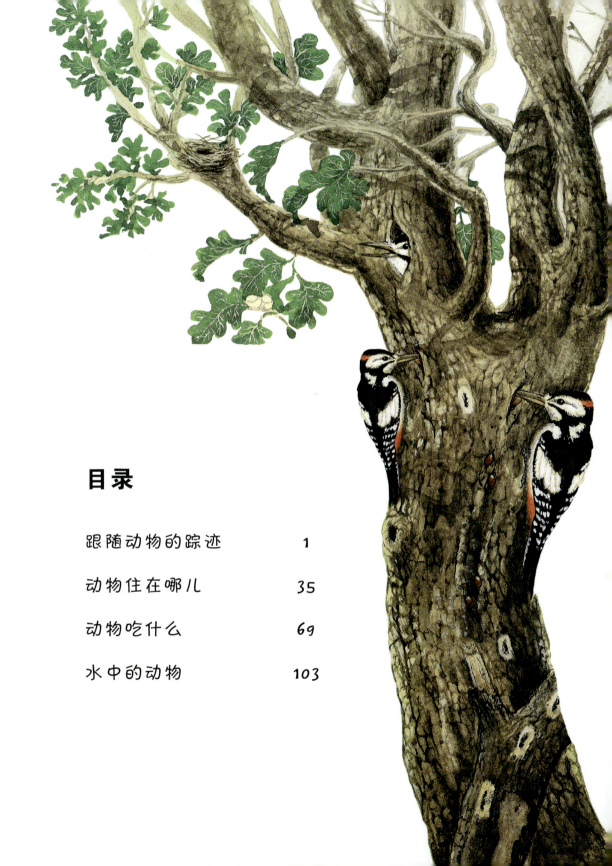

目录

跟随动物的踪迹

陈飞宇 / 译

"我是活泼可爱的兔子，刚从洞里钻出来找东西吃。看到我在雪地上留下的脚印、干草和便便了吗？那些就是我在这里生活的踪迹。"

兔子洞入口

咀嚼的食物残渣

脚印

粪便

其他动物也常常留下各种踪迹。你能猜出这些都是谁留下的吗？
猜不出来也没关系，往后翻，你一定能找到答案。

..'/	蹄印或爪印	⌒	蛋或孵化后破碎的蛋壳
⌣	食物残渣	⊔	喝水或洗澡的地方
◉	巢或洞穴	⤳	粪便
𝄡	被破坏的树木或其他植物	⛰	动物的气味
△	储藏的食物	⫽⧸	动物的皮毛或者骨头

所有动物都会留下各种各样的踪迹，比如下面这些：

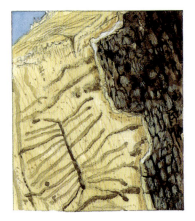

小蠹虫的幼虫爬行的痕迹

黑足旅鼠经过的小路

蜗牛黏液的印痕

青蛙的卵

雪貂的食物残渣

野鸡的羽毛

松貂的粪便

蚁巢里储存的食物

蜻蜓若虫蜕下的壳

尽管不同动物留下的踪迹看上去很相似，但实际上每种踪迹都是十分独特的。

老虎的抓痕

海龟的脚印

织布鸟的巢

盾蝽象孵化的卵

啄木鸟的洞穴

花田鸡孵化的蛋

蜘蛛的网

鹭的粪球

野猪的泥坑

在森林中探险的时候，如果你发现了这些独特的踪迹，能猜出来是谁来过这儿吗？

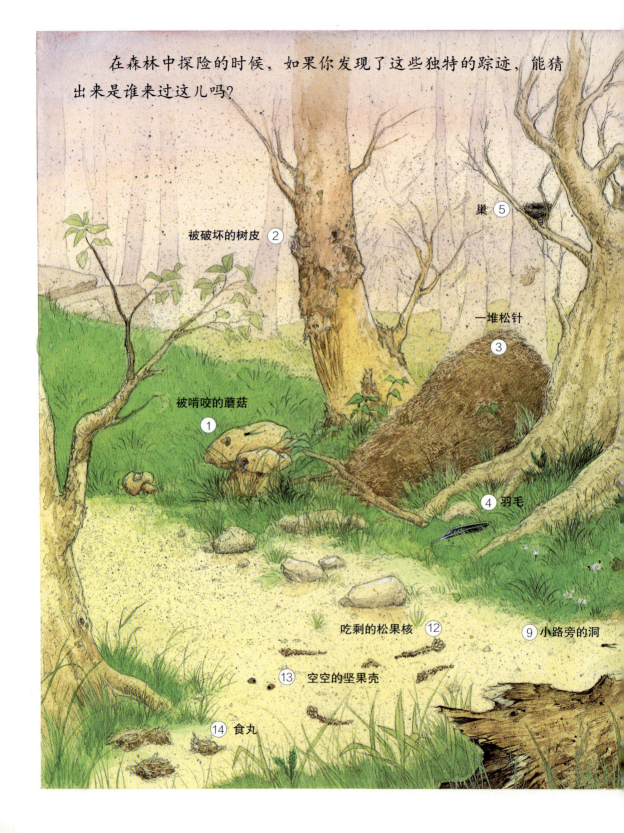

巢 ⑤

被破坏的树皮 ②

一堆松针 ③

被啃咬的蘑菇 ①

④ 羽毛

吃剩的松果核 ⑫

⑨ 小路旁的洞

⑬ 空空的坚果壳

⑭ 食丸

⑥ 树干里的洞

⑦ 网

⑧ 粪便

抓痕

⑪

⑩ 钻过的坑道

1. 蛞蝓

2. 马鹿

3. 蚂蚁

4. 松鸦

5. 乌鸫

6. 绿啄木鸟

7. 十字园蛛

8. 兔子

9. 田鼠

10. 小蠹虫

11. 野猫

12. 红松鼠

13. 黑田鼠

14. 灰林鸮

7

动物的踪迹可能是不小心留下的，也可能是故意留下的。

大部分动物都不希望被它们的对手和捕食者发现，但是它们没法不留下痕迹。它们所能做的，就是尽量不留下太明显的印迹。

"我是棱皮龟妈妈。我用沙土将下的蛋埋好后，就返回了大海。可是，沙滩上留下了几串长长的脚印。这可怎么办？捕食者很可能顺着脚印找到我的蛋宝宝，并把它们吃掉！"

动物的脚印和它们下的蛋，属于不小心留下的"偶然踪迹"。

有趣的是，一些动物根本不想减少自己的存在感。
它们会故意在活动过的地方留下清晰的印迹。

"我随便甩甩尾巴，就能把粪便甩向四
面八方，借此向别人宣告这是我的领地！"

动物的气味、粪便等用来标记领地的
痕迹，属于"故意踪迹"。

哺乳动物会留下什么样的踪迹呢？这只爱吃水果的小鼠，不小心把吃剩的浆果掉到地上了，还啃咬了枝叶。这些都是偶然踪迹。

下面这些踪迹不会给动物们带来危险，如果它们不需要返回来觅食，就不会刻意隐藏这些痕迹。

榛睡鼠啃食坚果。

老虎掩埋吃剩下的食物。

像爪印、小团毛发、洗澡的泥潭这样的偶然踪迹非常容易被发现，但动物们同样不会因此遭到危险，除非它们还待在那些地方。

雪兔留下的脚印。

疣猪在泥坑里打滚儿。

哺乳动物的故意踪迹则包括抓痕、粪便和体味。这些踪迹是刻意留下的，用来标记领地，吓走可能前来的同类竞争者。

"我是习惯在夜晚出没的猞猁，这些抓痕就是我故意留下的领地标记。"

"我是香香的麝，为了标记自己的领地，我特意散播好闻的体香。人类把这种气味叫作麝香。"

哺乳动物居住的巢或洞穴是它们保护幼崽和储存食物的地方，所以必须绝对安全。旱獭和白鼬会巧妙地装饰家门口，不让捕食者发现它们的家。

旱獭的地洞

白鼬的地洞

和哺乳动物一样，鸟儿也会留下踪迹。下面这些食物残渣，就是鸟儿留下的踪迹。

啄木鸟啄开的坚果壳。

画眉吃掉蜗牛肉后丢弃的蜗牛壳。

松鸦把橡子埋在土里，留着过冬。

鱼鹰吃剩的鱼。

猫头鹰吞下猎物，吐出不能消化的毛发和骨头。

麻雀啄走壳里的麦子，剩下了空壳。

"我是爱洗澡的鸟。我先在土里刨个坑，再绕着土坑拍打几下翅膀，扬起阵阵沙尘，这样，就能清洗干净我的羽毛。"

"我们鸟类一年至少换一次毛。同伴们经常把旧毛丢得到处都是。不用担心，一般我们都不会被捕食者发现，因为我们经常飞来飞去，不会在原地待很长时间。"

蹄印或爪印　　　　　　　储藏的食物

食物残渣　　　　　　　　粪便

巢或洞穴　　　　　　　　动物的气味

被破坏的树木或其他植物　动物的皮毛或骨头

① 红松鼠

② 驼鹿

③ 棕熊

④ 兔子

⑤ 水貂

⑥ 田鼠

游隼 ②

大斑啄木鸟 ③

雕鸮 ①

这些踪迹透露了哪些哺乳动物的秘密？

1
巢
树上的蘑菇

2
动物的气味
啃过的树皮
粪便
一撮毛
蹄印

3
树上的抓痕
洞穴
粪便

4
洞穴
粪便
一撮毛
啃咬过的草
爪印

5
粪便
空蛋壳

6
地洞
草丛中的小路
储存的食物

19

1 红松鼠

2 驼鹿

3 棕熊

4 兔子

5 水貂

6 田鼠

这些踪迹，是哪些鸟留下的呢？

⑤ 松鸦

④ 欧歌鸫

蹄印或爪印

食物残渣

巢或洞穴

被破坏的树木或其他植物

储藏的食物

粪便

羽毛

蛋或孵化后破碎的蛋壳

21

雄鸟像很多雄性哺乳动物一样，拥有自己的领地。但它们的身体不能散发香气，所以就用美妙的歌声、鲜艳的羽毛或独特的巢来标记领地、吸引雌鸟。

　　"我是心灵手巧的园丁鸟，会搭建凉亭式的拱形巢。我常常把色彩艳丽的羽毛、蜗牛壳和其他小东西，放在家里当装饰品。有时，我还会嚼碎浆果，用彩色的汁液来粉刷房子。"

"这些显眼的标记能迷惑敌人，更重要的是，可以吸引雌鸟来我这里。"

瞧，这对儿鸟宝宝藏得多好！它们的父母非常用心地照顾它们，不仅建造隐蔽的巢，还将它们孵化后破碎的蛋壳和排泄物移走，不留下任何痕迹。

而天下无敌的猛禽不必提防其他动物，当然就不用隐藏它们的宝宝和巢。

有些鸟宝宝在出生时就已经发育得很好，能四处走动，还懂得躲避捕食者，所以它们早早就离开了家。

红腿石鸡

鸡

绿头鸭

灰雁

疣鼻天鹅

爬行动物和两栖动物总是给人静悄悄的感觉，跟哺乳动物和鸟类不同，它们一般不会留下踪迹。

蛇滑行的痕迹

蜕皮

爬行动物在长大过程中一般会蜕好几次皮。蜕皮后，它们就把老皮留在原地。

蜥蜴

蛙

为了躲避敌人，爬行动物和两栖动物会待在特殊的藏身之地。

猜猜看，爬行的痕迹、蜕落的老皮、
巢和蛋分别暴露了谁的秘密？

鳄鱼的巢和蛋

巨蜥的巢和蛋

蝾螈产的大量卵

蟾蜍的卵

爬行动物会小心地藏好它们的巢和卵。
但是，两栖动物的卵在水中没有任何保护，
面对捕食者毫无抵抗力，所以它们会大量产
卵，以孵化出足够多的宝宝。

27

昆虫的踪迹多种多样，这大概是因为它们拥有不一般的成长历程。

蜻蜓的生命周期

成年蜻蜓（成虫）

孵化的卵

幼虫蜕下的皮

幼虫（若虫）

1.一枚小小的卵。
2.卵孵化。
3.幼虫（若虫）形成。
4.幼虫长大，蜕皮。
5.成年昆虫（成虫）形成。

"我是擅长建筑工作的白蚁，和小伙伴们一起建造的家像一道道坚固的堤坝或小山。我的朋友蜜蜂、黄蜂、蚂蚁等群居性昆虫也会建造庞大的巢，我们在巢里储存食物、生养后代。"

白蚁山

土豚

"我们的天敌是长相奇异的哺乳动物——土豚。它能用管状的鼻子和强壮的爪子挖洞，严重威胁着我们结实牢固、防护严密的家。"

不论地上还是地下，都有许多像蜘蛛、蜗牛、马陆、蠕虫这样的小生物留下的踪迹。只是，你可能用放大镜才找得到！

1.萤火虫在黑夜闪闪发亮。

2.蚯蚓钻到地下挖洞，拱出来的土
  堆成了"小丘"。

3.蝗虫把卵藏在土里。

4.天然的洞里藏着昆虫和其他小动
  物。

5.蜗牛和蛞蝓留下了爬行的痕迹。

6.萤火虫的幼虫吃掉蜗牛，剩下了
  蜗牛壳。

7.蚂蚁会在顺着隐秘的小道寻找食
  物时，留下自己的体味。

8.食草动物把叶子咬出了洞。

9.食草动物的便便从植物上掉到了
  地上。

10.昆虫在松软的土地上留下踪迹。

11.粪球是屎壳郎为即将出生的幼
   虫储备的食物。

12.蜘蛛在它编好的网里捕捉猎物。

渡鸦

煤山雀

红松鼠

苍鹰

金雕

马鹿

松雀

三趾啄木鸟

狐狸

蚂蚁

沙锥

蜈蚣

花栗鼠

蚯蚓

动物的踪迹遍布地球的各个角落。无论是偶然踪迹，还是故意踪迹，都对动物的生存非常重要，同时，也能帮我们了解各种动物的生活习性。

快去户外探索吧，找找看，你能发现哪些踪迹的秘密呢？

星鸦

棕熊

驯鹿

草原石䳭

狼獾

白鼬

蜥蜴

蛙

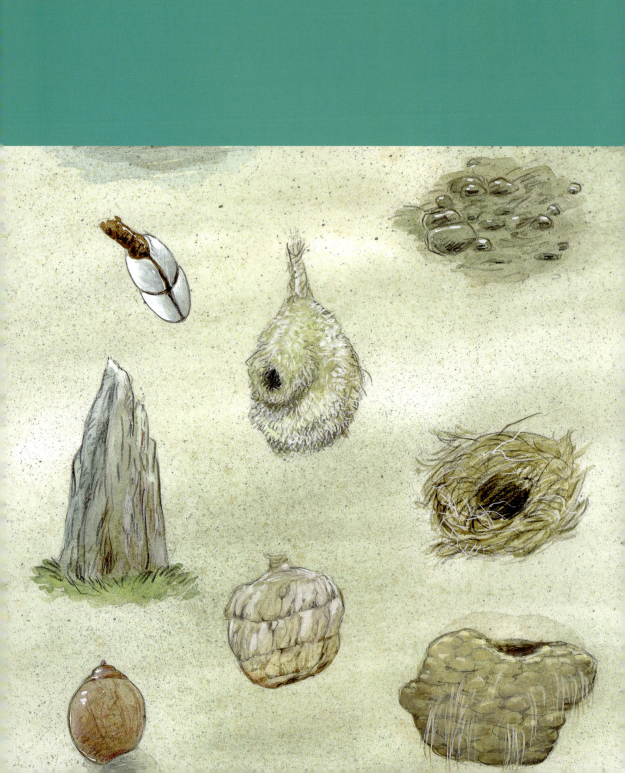

动物住在哪儿

李小彤 / 译

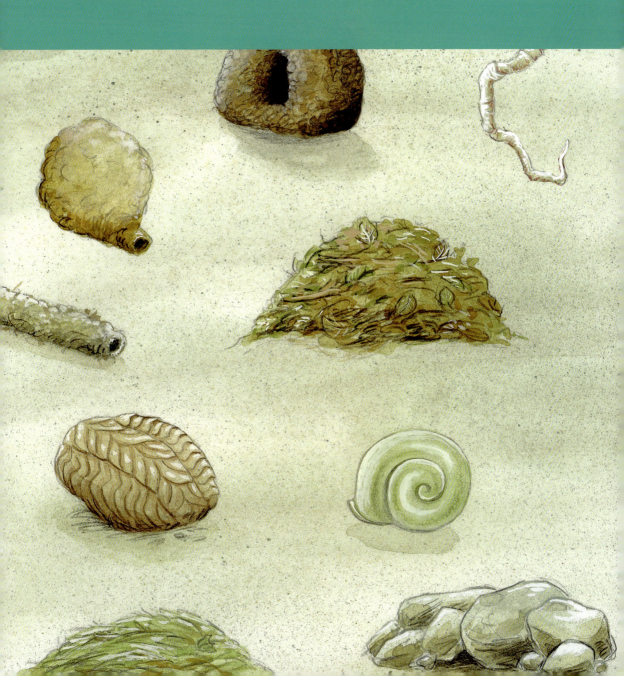

"像我们狼这样的野生动物，不会随随便便找个地方就住下。我会选择住在一个安全又隐蔽的地方。这个地方不但要舒适，还要适合我的生活方式。我就把这里当作我的家。"

动物通常会住在以下这五种"房子"里：

巢：用树枝、羽毛、叶子搭建或者石头垒成的房子。

洞穴：藏在地下、树根或者树干里的洞。

天然庇护所：树洞、山洞或灌木丛等天然的隐蔽地。

搭建的房子：用泥土、荆棘、黏液等材料搭建而成。

壳：天生就有的甲壳。

其实，在大自然的任何一个角落，都有动物的房子。不过，它们往往十分隐蔽，不容易被发现。认真找找看，你能发现多少种房子呢？

水中

地下

地面上

灌木丛里

树枝上

树干里

树叶丛中

石头缝里

39

为什么动物也需要一个家、一所房子呢？因为这可以保护它们自己和它们的后代不受天敌的伤害，还可以让它们免受严寒、酷暑、雨雪等恶劣天气的影响。在这个家里，宝宝可以安全地成长。

鸽子：它的巢是用小树枝搭起来的。

海龟：它们会把卵藏在沙洞里。

鳄鱼：鳄鱼的洞口长着茂密的植物。

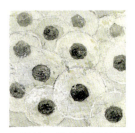

青蛙：青蛙的卵外面裹着一层透明的保护胶。

40

有些动物的房子常年敞着门，冬天寒冷的时候，它们可就住得不那么舒服了。看，油鸱住的就是敞开的洞穴。

油鸱：油鸱喜欢将很多种子、浆果和鸟粪放到自己的洞里。

松鼠：松鼠的家是用树叶和嫩枝搭成的。

蝙蝠：天然形成的山洞就是蝙蝠的家。

白蚁：白蚁住在自己筑成的堡垒里。

"我是黑头黄背织雀。为了更好地喂养宝宝，我会为它们精心编织一个温暖的小窝。看上去很漂亮吧？不过，我的鸟儿伙伴们并不都是这样做的。"

黑头黄背织雀

用细树枝编织的巢

巢的入口

来自非洲的黑头织雀是群居动物，喜欢把自己的家安在合欢树上。

43

鸟儿会住在四种不同类型的房子里，并在里面养育自己的宝宝。

搭的巢

挖的洞

天然庇护所

筑的屋

长耳鸮直接把树洞当成家。

家燕衔来泥巴，细心地筑窝。

笃！笃！笃！……大斑啄木鸟在树干里凿了一个洞，刚好能住进去。

攀雀建的巢造型很奇特，看起来像鸡蛋。

芦莺编织的巢，圆圆的，很漂亮。

　　咦，刚刚发生了什么事？布谷鸟为什么要把自己的蛋叼到芦莺的巢里呢？

原来，布谷鸟是巢寄生鸟，不会建造房子。它为了保护自己的蛋，就把蛋放到其他鸟儿的巢里。

　　它先丢掉巢里的一只芦莺蛋，再把自己的蛋放进去。不过，布谷鸟蛋比芦莺蛋大多了。

在芦莺妈妈的照顾下，布谷鸟宝宝从蛋里孵出来了。它为了霸占芦莺妈妈的爱，就把芦莺蛋扔掉或者把孵出来的小芦莺赶出家门。

芦莺妈妈对此毫不知情，继续喂养着这只比自己个头还要大的宝宝。它不觉得有什么异常：这只大宝宝是在自己家里出生的，应该就是它的亲生孩子。

1 蛞蝓

2 鼠妇

3 马陆

4 蜈蚣

5 大蟾蜍

6 花园葱蜗牛

7 蚂蚁和蚁穴

8 蝴蝶和在树上产的卵

9 蜘蛛和它吐的丝

10 小林姬鼠和它的洞

11 蚯蚓和它的洞

12 狐狸和它的洞

13 鼹鼠和它的食品储藏室

14 兔子和它的窝

15 野猪

16 鹿

17 松鼠和它的窝

18 刺猬和它的窝

19 野猪宝宝

20 松貂

21 野猫和它的窝

22 小蠹虫和它的巢穴

1	蛞蝓	12	狐狸和它的洞
2	鼠妇	13	鼹鼠和它的食品储藏室
3	马陆	14	兔子和它的窝
4	蜈蚣	15	野猪
5	大蟾蜍	16	鹿
6	花园葱蜗牛	17	松鼠和它的窝
7	蚂蚁和蚁穴	18	刺猬和它的窝
8	蝴蝶和在树上产的卵	19	野猪宝宝
9	蜘蛛和它吐的丝	20	松貂
10	小林姬鼠和它的洞	21	野猫和它的窝
11	蚯蚓和它的洞	22	小蠹虫和它的巢穴

和鸟儿一样，其他动物朋友在大自然里也能找到安居的地方。

天然形成的洞

自身的硬壳

茂密的松针下面

树叶上

在地下挖的洞

灌木丛

草丛或树枝间的巢

树洞或者山洞

在树皮里挖的坑道

哺乳动物算是动物中最会盖房子的，它们盖的房子温暖又舒适，每当天气糟糕或遇到危险时，就躲在里面。家里储存了不少食物，足够它们吃很久的，有时它们甚至要在家待一整个冬天。

"我是心灵手巧的巢鼠，人类叫我啮齿动物。我们先把许多草茎架在一起，再盖上植物叶子，就搭成漂亮的圆巢啦。"

哺乳动物建的房子一般有四种：

 巢穴（刺猬）

 地洞（蜜獾）

 天然庇护所（棕熊）

 自己建的巢穴（麝鼠）

河狸是哺乳动物中的杰出建筑师，它们营造巢穴的工作堪称复杂的水利工程。

比如这种加拿大河狸，它们会先拖来许多树枝、泥巴和石头，在家门口堆成高高的水坝，阻止水进入家里；再把许多树枝架成房子的形状，将入口留在水下面，不让天敌发现。

水坝（用各种材料堆积起来的）

池塘

河水的水面

巢的水下出入口

最后，它们会拖来很多好吃的嫩枝，留着度过漫长的冬天。
它们的巢一般位于水塘的中间，外面盖着厚厚的树枝。

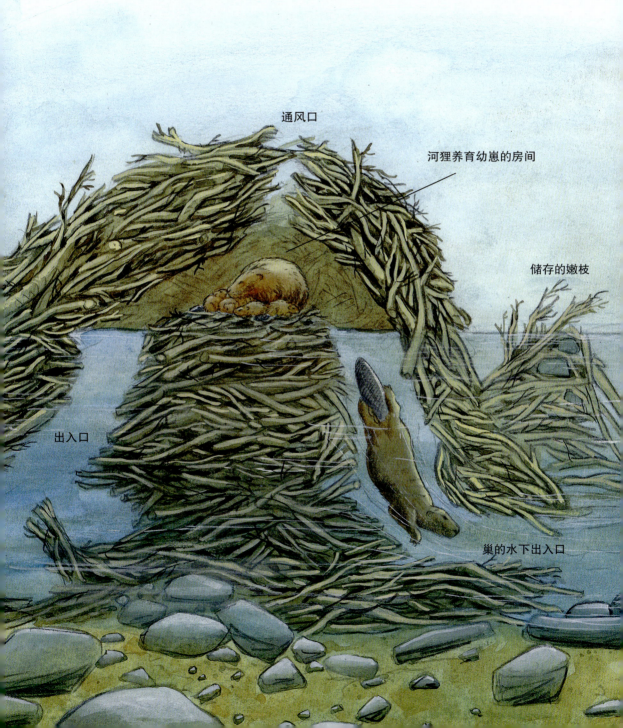

通风口

河狸养育幼崽的房间

储存的嫩枝

出入口

巢的水下出入口

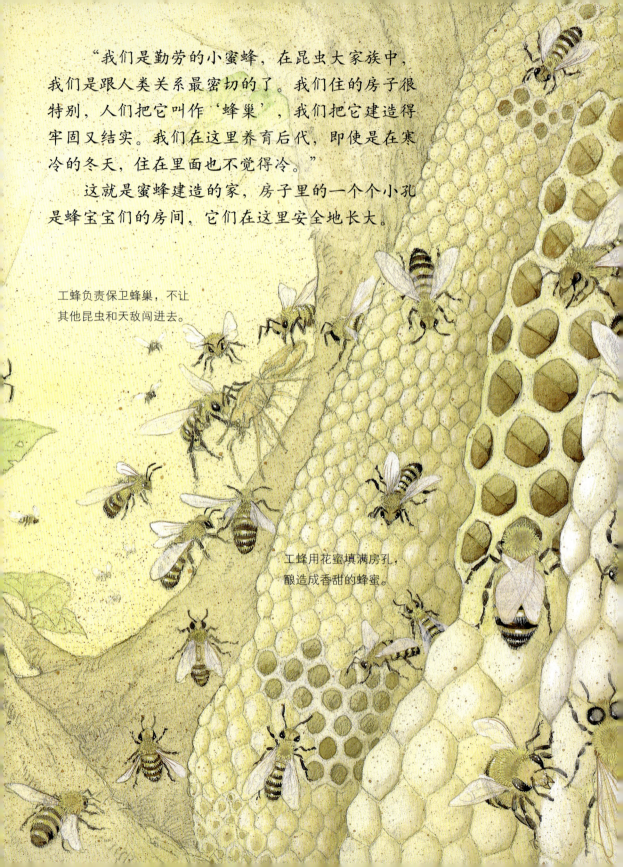

"我们是勤劳的小蜜蜂，在昆虫大家族中，我们是跟人类关系最密切的了。我们住的房子很特别，人们把它叫作'蜂巢'，我们把它建造得牢固又结实。我们在这里养育后代，即使是在寒冷的冬天，住在里面也不觉得冷。"

这就是蜜蜂建造的家，房子里的一个个小孔是蜂宝宝们的房间，它们在这里安全地长大。

工蜂负责保卫蜂巢，不让其他昆虫和天敌闯进去。

工蜂用花蜜填满房孔，酿造成香甜的蜂蜜。

未来的蜂王就诞生于这些小小的房孔中。

雄蜂的房孔比雌蜂（工蜂）的房孔要大。

工蜂每天都很忙碌。它们需要分泌蜂王浆、喂养幼虫。

工蜂还需要打扫房孔。

蜂王就把卵产在这些房孔中。

红褐林蚁的家在地下，它们的巢穴四通发达，和城市一样五脏俱全。

有的蚂蚁还会在松针下面筑巢。

蚂蚁的家遍布在地球的每个角落。

小雄蚁正在从蛹里爬出来。

卵孵化成幼虫，继续由工蚁照顾。

蚁后在专门的产房里产卵。

工蚁照看蚁卵。

58

工蚁负责外出寻找食物，比如
毛虫、昆虫或者种子。

在厚厚的松针堆下的蚁丘

这里储藏的食物很丰富，足够
蚂蚁大家庭熬过冬天了。

家里有专门的储藏室。

59

昆虫们通常住在自己搭建的房子里、隐蔽的地方或者洞穴里，也有专门建造了盔甲来保护自己的。

　　下面就是昆虫们千奇百怪的房子，这些房子可以为昆虫宝宝们遮风挡雨。

1　卷蛾：把叶子卷成圆筒。

2　蜾蠃：用泥土垒成瓮状的巢。

3　黄胡蜂：用咀嚼过的植物纤维和唾液混合，建造蜂巢。

4　屎壳郎：把粪球滚到地洞里，让宝宝一出生就有食物吃。

 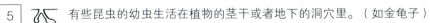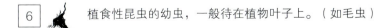

"我是一只巨蜥，属于爬行动物。我喜欢在大自然里找一个隐蔽的地方，把那里当作家。有时候我也会自己建房子。我通常在土坑里下蛋，然后用植物盖住洞口，不让别人发现。"

巨蜥

　　爬行动物的宝宝出生后能独立生活，所以它们会离开父母的家，重新找一个安身之地。

62

"我是一只青蛙，属于两栖动物。我们保护卵的方式很奇妙，一般会把卵产在水里，并用一层厚厚的凝胶裹住，这样既安全又不会缺水。所以，我们用不着建造房子来保护宝宝。"

希腊林蛙

青蛙长大后喜欢在湿润的地方生活，讨厌干燥炎热。

南美洲的雨蛙在卷曲的树叶里产卵。

63

你知道吗？在水中，在深深的海底，也到处都是动物们的房子。水下大大小小的洞穴都是它们的藏身之地。

体型庞大的鲸、海豚几乎没有天敌，不需要固定的住所来保护自己，所以它们毕生畅游于大海深处。

有些鱼会把水藻丛当成自己的家，把卵产在那里；而在大海深处，还有很多神奇的动物之家。

鹦嘴鱼吐出黏丝织成睡袋，钻在里面睡觉就像盖着棉被一样。

海葵的触手是小丑鱼的家。海葵的毒液可以保护小丑鱼不被天敌伤害。

　　"我是一只软体贝，背上的硬壳就是我的房子。这所房子住着很方便，能走到哪儿就带到哪儿。海蜗牛也有这样的房子。你们可能不知道，我还可以自己决定开关房门的时间呢。"

在地球上，几乎所有动物都拥有可以藏身的家，帮它们抵御炎热和酷寒，使它们得以繁衍生息。

对于生活在大草原上的一些动物，像羚羊啊，斑马啊，一旦有天敌追赶，就要马上飞跑逃命。它们没有固定的住所，房子派不上用场。天、地、草原就是它们的家。

凭借与生俱来的快速奔跑、繁殖能力和慢慢习得的野外生存技能，它们在大自然里世世代代地生存了下来。大自然本身就是它们最好的庇护。

动物吃什么

李小彤 / 译

"我是一只兔子，正在品尝我最爱吃的雏菊。我和地球上的其他小生灵一样，都得吃食物。你知道为什么我们要吃食物吗？"

　　"因为我们吃了食物才有力气在山间奔跑，在空中飞翔，在水里游来游去，就好比汽车，加满油才能跑起来。"

地球上有许多植物和动物，不管是哪种植物或动物，都会被另一种动物吃掉，而另一种动物又会成为其他动物的美餐。就这样，一环连着一环，形成了一个个食物链。

有的食物链很长，连接着好多植物和动物。

核桃 ➤ 松鼠 ➤ 松貂

谷物 ➤ 家鼠 ➤ 猫头鹰

树叶 ➤ 蛞蝓 ➤ 欧歌鸫 ➤ 狐狸

花蜜 ➤ 食蚜蝇 ➤ 十字园蛛 ➤ 红褐林蚁 ➤ 绿啄木鸟 ➤ 鹰

有些动物只吃草，
被称为食草动物。

有些动物只吃肉，
被称为食肉动物。
所以说，动物也
是"挑食"的。

食草动物
食肉动物

73

1. 巴西厚嘴唐纳雀	6. 金刚鹦鹉	11. 美洲鬣蜥	16. 小食蚁兽
2. 北美负鼠	7. 旋木雀	12. 箭毒蛙	17. 捕鸟蛛
3. 红尾蚺	8. 红吼猴	13. 闪蝶	18. 切叶蚁
4. 狐蝠	9. 厚嘴巨嘴鸟	14. 小斑虎猫	19. 金喉红顶蜂鸟
5. 丽鹰雕	10. 凯门鳄	15. 中美貘	20. 树蛙

有很多动物以植物为食，所以，在植物茂盛的地方，比如热带雨林，总会热热闹闹地生活着许多动物。找找看，下面的动物中有哪些是食草的呢？

动物们可以简单地分成猎物（被吃掉的动物）和捕食者（吃其他动物的动物）。

看，这只刺猬捕到的猎物可真不少：青蛙、老鼠、蚯蚓……

实际上，大部分动物既是捕食者又是猎物，它们吃别的动物填饱肚子，同时也可能被其他动物吃掉。

刺猬是狐狸眼中的美味。
这只被狐狸盯上的刺猬能逃过
这一劫吗？

"我是一匹马儿，我和很多草原上的伙伴都是食草动物。小时候，我跟着妈妈生活，只吃母乳就能吃得饱饱的。自从成年以后，我就开始吃草了。草里的营养不够丰富，要吃很多很多才行。"

这些吃草的动物，其实都是吃母乳长大的，属于哺乳动物。

犀牛

美洲野牛

袋鼠

仓鼠

大熊猫

松鼠猴

斑马

树袋熊

栗鼠

海牛

獾㹢狓

狐蝠

"我是威猛无比的狮子，最厉害的食肉动物。我们擅长捕猎斑马、狼、斑鬣狗，再美美地饱餐一顿。要不人类怎么会称我们'猛兽之王'呢！"

狮子

黑背胡狼

斑鬣狗

有些食肉动物的口味很独特，偏偏喜欢吃动物的尸体。它们是食腐动物。

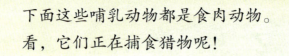

下面这些哺乳动物都是食肉动物。
看，它们正在捕食猎物呢！

狼

和食草动物小时候一样，食肉动物宝宝
也守在妈妈身旁，享受香甜的母乳。

棕熊

狐狸

水獭

食肉动物的捕猎工具：尖锐
的牙齿、锋利的爪子。

白鼬

松貂

猞猁

狼

野猫

如果这些食肉动物吃的是昆虫和蠕虫，
人们就称它们为食虫动物。

鼹鼠

83

"我是不偏食的小松鼠，我喜欢吃的东西可多了。我可以随时找到食物，方便补充营养。像我一样既吃肉又吃草的动物伙伴，被称为杂食性动物。下面就是我的营养菜单，是不是很丰盛？"

松鼠的营养菜单

看，这只小松鼠正用它
坚固的牙齿嗑开坚果！

"我们鸟类中的大部分什么食物都吃。飞行耗费了我们很多能量，所以食量很大，不管是吃植物、谷物，还是鱼类、小虫……我们都能吃很多。"

普通翠鸟

凤头䴙䴘

欧斑鸠

蒲苇莺

东胸朱顶雀

鹰

崖沙燕

苍鹭

87

鸟儿们长着十分独特的喙(指鸟嘴)，所以不管面对什么样的美味，它们都能轻松地衔起来。

鸟宝宝的嘴巴还没有发育好，就没有那么灵活了，需要鸟爸爸或鸟妈妈喂食物给它们吃。

鸟类的反应敏捷，动作极快，能闪电般地迅速锁定猎物。

雨燕一边飞，一边快速逮住昆虫。

聪明的欧歌鸫会先把蜗牛放到石头上敲碎，再吃掉壳里面的肉。

"杂技演员"蜂鸟技艺高超，能悬空停留很长时间，以便吮吸更多的花蜜。

这是鸟儿们的营养菜单，可以说是无所不包。

昆虫、蜘蛛和毛毛虫

小型鸟

谷物和水果

树叶和花朵

花粉和花蜜

蛋

甲壳类动物

鱼

蠕虫和软体动物

动物尸体

小型哺乳动物

两栖动物

（青蛙、蟾蜍、蝾螈等）

爬行动物

白腹毛脚燕

白尾海雕

红额金翅雀

蜂鸟

爬行动物和两栖动物几乎什么都吃。它们的牙齿小而锋利，能够牢牢地咬住猎物。

两栖动物的营养菜单

鸟宝宝吃昆虫、毛毛虫和蜘蛛。

鸽子妈妈可以从嗉囊里分泌出一种"鸽乳"来喂饲雏鸟，这有点像哺乳动物。

猜猜这些鸟儿吃些什么呢？（从上一页图中找）

仓鸮

小斑啄木鸟

苍鹭

白兀鹫

鹌鹑

白额雁

92

爬行动物的营养菜单

这条蛇刚刚吞下了一个蛋。

体型庞大的爬行动物非常凶猛，为了捕食甚至会互相厮杀！

凯门鳄会紧紧地咬住猎物，把它拽到水里。

森蚺有时会攻击一些十分强大的猎物，比如凯门鳄。

昆虫一般吃植物，有时也会捕食比自己更小的动物。

蜜蜂的食物是它们自己做的！花开的季节，它们出门采集花粉、花蜜，然后用采集来的原料制成它们的食物——蜂蜜。

蜜蜂把采集到的花粉装在后腿上的"花粉篮"里，就可以带回家去了。

毛毛虫正在"沙沙沙"地啃树叶。

蝴蝶吮吸着甜甜的花蜜。

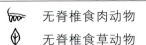

无脊椎动物是地球上的重要居民，数量众多，昆虫也是无脊椎动物之一。它们都有长长的足，能紧紧地夹住猎物。下面这些无脊椎动物中，你能辨认出哪些是食肉的吗？

黄胡蜂

熊蜂

强壮的前足用来钳住猎物。

蚜虫

蜜蜂

花萤

孔雀蛱蝶

用虹吸式口器从花朵中吮吸花蜜。

食蚜蝇

瓢虫

蟹蛛

蠼螋

埋葬虫和它的孩子们吃的是动物的尸体。

蠼螋妈妈为宝宝们准备了好吃的蚜虫。

海洋孕育着无数生命，这些生物都有自己的食物链，也默默遵循着同样的自然规律：小动物被大动物吃掉，大动物又被更大的吃掉。

海洋植物 ➡ 小型食草动物 ➡ 小型食肉动物 ➡ 大型食肉动物

鲸是地球上最大的生物，但它们的食物却是一些极其微小的生物：浮游生物、甲壳动物、磷虾。

想一想，它们得吃下多少这些东西才能填饱肚子啊！好在海里的磷虾不计其数，足够它们吃的了。

磷虾

从爬虫到猛兽，从游鱼到飞鸟，地球上的每种生物都可能成为别人嘴里的食物。即使是像鲸那么庞大的动物，也难逃被人类捕杀的命运……

水中的动物

陈飞宇 / 译

座头鲸

水母

章鱼

绿海龟

海绵

鹦嘴鱼

鳐鱼

海蛞蝓

　　我们在水里的动物朋友到底有多少呢？答案是：不计其数。
它们中的大部分一生都住在水里，被称为水生动物。

领航鱼

大白鲨

鲫鱼

宽吻海豚

柳珊瑚

马夫鱼

软珊瑚

雀鲷

主刺盖鱼

蓝吊

断沟龙虾

海葵

凤螺

除了众所周知的鱼类，还有许多其他种类的动物也生活在水里。你知道哪些呢?

首先要知道水生动物分为淡水动物和海洋动物。我们地球上的水十分丰富。陆地上的河流、湖泊和池塘里的水是淡水，而大海中的水是咸水。

淡水从地底深处涌出来，形成山泉。泉水在山谷间流淌，变成一条条小溪。

无数条小溪拥抱在一起，成为小河。小河填满地上的坑坑洞洞，汇聚成湖泊与池塘。无数条小河又手拉手变成宽广的大江。最后，大江投入大海辽阔的怀抱！

大麻鳽

田鼠

蜉蝣

　　水边生活着各种各样的动物，包括鸟类、哺乳动物、昆虫等。在水底下生活的动物可就更多啦。

这些动物生活在淡水中，被称作淡水动物。

〰	只能在水中呼吸的动物	◊	只吃植物的食草动物
⊥	只能在陆地上呼吸的动物	🐾	吃其他动物的食肉动物

1. 蜻蜓
2. 豆娘
3. 黑水鸡
4. 蜉蝣幼虫
5. 水獭
6. 麝鼠
7. 田螺
8. 龙虱
9. 三刺鱼
10. 软口鱼
11. 绿头鸭
12. 水黾
13. 椎实螺
14. 鳗鱼
15. 鲤鱼
16. 苍鹭
17. 青蛙
18. 蟾蜍

109

很多淡水动物都是在水中养育后代，因为它们可以在水里找到足够的食物和合适的藏身处。

豆娘把卵产在水草的嫩枝上。
它们的幼虫就在水中出生，在水里长大。

凤头䴙䴘

凤头䴙䴘做了一个
浮在水面上的巢。

当它们不在水里活动的时候，就待在水边，它们的身体颜色能和周围的水草融为一体。

黑水鸡的巢藏在水草丛中。

青蛙也在水中产卵，它们的幼体（也就是蝌蚪）在水中长大，直到变成青蛙。

"我是喜欢在水里嬉戏的鸭子。我的羽毛上涂着一层特殊的油脂，像是天然的防水服。如果没有这些特殊的羽毛，我早就沉到水中淹死了。"

在河流和湖泊边，还活跃着许多超级小的动物，比如昆虫、蜘蛛和软体动物。

水生昆虫呼吸空气，但是在水中产卵，孵出来的幼虫也在水里呼吸、长大。

1. 豆娘
2. 蜻蜓
3. 蚊子
4. 蜉蝣

有些昆虫长着特殊的脚，能在水面行走。

5. 水甲虫
6. 水黾

有些昆虫的脚有助于它们游泳。

7. 仰泳蝽
8. 豉甲
9. 龙虱

有些软体动物一直生活在水下。

10. 椎实螺

水蛛做了一个气泡，这样它就可以在水下呼吸了。

11. 水蛛

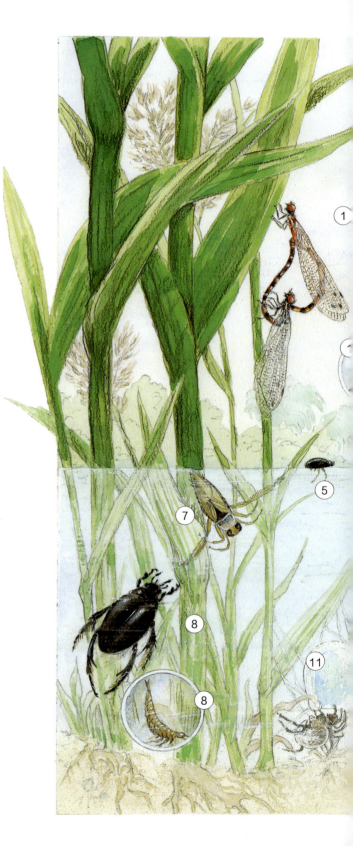

114

"我是建筑大师河狸，我和好朋友水獭都是哺乳动物，习性相似。虽然我们主要生活在水里，但我们并没有鳃。我们是用肺呼吸的，所以每过一会儿，就得露出水面透透气儿，或者爬到岸上待着。"

水獭

河狸

　　"我们的眼睛和鼻子都长在头顶上，当身体在水下时，眼睛和鼻子却还在水面上，这样就可以一边观察四周的情况，一边呼吸空气。"

流畅顺滑的身型适合
在水里游来游去。

后肢像鱼鳍，脚趾间有蹼，
所以被称为游泳健将。

有力的尾巴像船舵，可
以掌控游泳的方向。

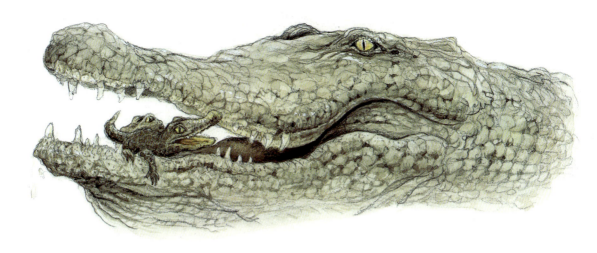

"我是大名鼎鼎的鳄鱼，通常生活在水里。不过，我们是在陆地上下蛋的。"

当孵出宝宝后，鳄鱼会马上把宝宝们带到水里去。这样，岸上的捕食者就不能得逞了。

"我们都得呼吸空气，所以必须时不时地浮到水面上。"

"我是最最出名的水生动物——鱼。不管是在大海中，还是在小溪里，都能找到我的影子。不过我不能离开水，因为我只能在水中呼吸。"

鳍和有力的尾巴提供向前游的动力。

光滑的鳞状外皮、流线型的身体使得鱼可以在水中自由穿梭。

鳃是鱼在水下呼吸的器官。

鱼类大家庭的成员众多，可以说是五颜六色、大小不一、形态各异。

槌头双髻鲨	鲑鱼	海马	主刺盖鱼
澳大利亚肺鱼	泰国斗鱼	鳗鱼	旗鱼
蓝纹黑丽鱼	拟鲤	红腹食人鱼	蝰鱼
飞鱼	河豚	蝠鲼	狮子鱼

鱼妈妈一次能产几百万枚卵，接着会有几百万条仔鱼孵出来。

鳟

许多仔鱼会被捕食者吃掉，因为大部分鱼爸爸、鱼妈妈都不照顾自己的孩子。

仔鱼

鱼卵（卵群）

从捕食者口中幸存下来的仔鱼，才有机会长成幼鱼，然后变为成鱼。

大鱼又可以繁殖出新的小鱼。

有的鱼爸爸和鱼妈妈会非常小心地照看鱼宝宝，这可能是因为它们产的卵比别的鱼少很多。

三刺鱼

"模范爸爸"三刺鱼会为鱼妈妈建造产卵的巢，还会保护鱼卵和仔鱼，这样，就不会有很多幼鱼被捕食者吃掉了。

座头鲸

虎鲸

海象

蓝鲸

豹形海豹

食蟹海豹

　　"我是体型庞大的鲸，和温顺的海豹、可爱的企鹅一同住在南极。我们都不能在水下呼吸。南极的海水非常寒冷，但我们却可以在里面自在地游来游去。"

"我们虽然看起来像超级大的鱼，但我们其实是哺乳动物，没有鳃，只有肺，所以不能在水下呼吸。不过，我们已经习惯在水里生活了。"

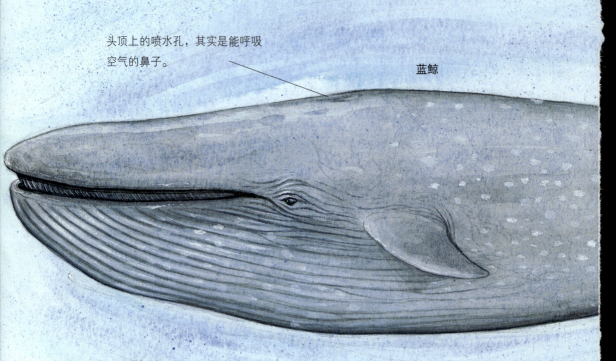

头顶上的喷水孔，其实是能呼吸空气的鼻子。

蓝鲸

"我是没有牙齿的须鲸，但我的上颚长着一圈像梳子似的薄片，叫作鲸须，可以滤取水中的浮游生物。"

"我是体型最大的海豚科动物——虎鲸，牙齿锋利，勇猛无比。当我们成群捕食时，连海豹也不得不甘拜下风。"

"无论是在冰冷还是温暖的海洋中，我们都是最大的动物——一天可以吃掉几吨食物！我的许多同伴爱吃浮游生物，幸亏海里有大量的浮游生物，足够它们填饱肚子了。"

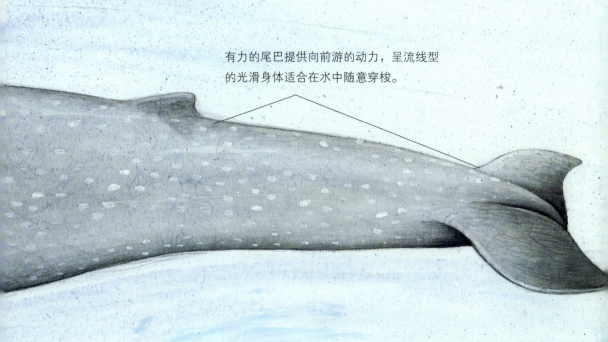

有力的尾巴提供向前游的动力，呈流线型的光滑身体适合在水中随意穿梭。

抹香鲸的牙齿

抹香鲸有牙齿，能吃掉很多章鱼。

南露脊鲸

抹香鲸

帝企鹅

阿德利企鹅

威德尔氏海豹

纹颊企鹅

白眉企鹅

海洋像一座大型食物仓库，为所有海洋动物提供食物。海洋动物会吃比自己小的动物，也可能被比自己大的动物吃掉，这个过程形成了"食物链"。

⑤ 大型食肉动物，也就是大的捕食者，在食物链的顶端。所有水生动物都是它们的食物。

④ 大型海洋动物吃小型海洋动物。

③ 鱼类等能自由游动的小型水生动物叫作自泳生物，吃浮游动物。

② 许多不同种类的微小浮游动物，吃浮游植物。

① 微小的水藻和植物叫作浮游植物，它们在食物链的最底层。

"我是不能飞的海洋鸟类——企鹅，不过，我可是一个游泳好手。我在陆地上下蛋和抚养宝宝，但大部分时间我都生活在水里。"

平平的尾巴，在转弯时能充当方向盘。

阿德利企鹅

浑身浓密的油性皮毛，是天然的防水服。

流线型的身体，有助于在水中滑行。

鱼鳍形状的腿和有蹼的脚方便划水。

"我们的爸爸妈妈都非常慈爱，会照顾我们长达六个月，直到我们可以独立地在水中捕食。在南极大地上，通常是几百万个小伙伴聚集在一起生活，形成一个大大的群落。"

帝企鹅

小企鹅缩在爸爸或妈妈厚厚的脂肪下取暖。

所有的海鸟都需要呼吸空气，所以，它们实际上并不是生活在海里，而是生活在海边的。

褐鹈鹕

大白鹈鹕

小鹈鹕将头伸进爸爸或妈妈的嘴巴，从咽喉里衔出食物。

鹈鹕爸爸妈妈会花很长时间在水里捉鱼。它们先把鱼藏在嗉囊里，再带回陆地上的家中。

130

一些通常生活在陆地上的鸟，比如翠鸟，也会选择到水边居住。因为它们爱吃鱼，也很擅长钻到水下去抓鱼。

131

温暖的海水里，生活着数百万微小的海洋生物——珊瑚虫，它们会留下形成珊瑚礁的石灰质骨架。许多海洋动物以这些礁石为家，并以各种方式躲开天敌。

"清洁工"濑鱼能帮助比它大的鱼清理身上的寄生物，所以大鱼不会伤害它们。

海鳝躲在洞中。

软体动物，比如砗磲，会退回到它"房子"似的硬壳里。

小丑鱼可以藏在海葵的触手中，因为它们不怕海葵的毒。

海葵有带毒的触手。

热带鱼的背鳍上长着尖刺，
使得捕食者不敢靠近。

小鱼们喜欢聚集成群，
降低被捕食的风险。

海星在危急时刻会断掉一个腕，以便逃跑。
神奇的是，它还会长出新的腕。

海胆浑身披着布满
尖刺的"盔甲"。

寄居蟹没有能自我保护的壳，就借其他动物
的壳来保护自己。有时候，寄居蟹还会将长
着毒触手的海葵放在自己借来的壳上，让自
己得到更好的保护。

133

海水退潮的时候，总有一些小的海洋动物来不及返回大海，离开了水，它们很难活下去。

海星和虾被困在潮池中。
竹蛏和海螂在潮湿的沙滩上匍匐。
蟹在鳃里储存海水，像在水中那样呼吸。
藤壶和贻贝的壳紧闭着，好多存一些海水。
玉黍螺可以呼吸空气。
沙蚕会挖一些小洞，像鱼一样用鳃呼吸。

竹蛏
海螂
海星
蟹

贻贝

玉黍螺

藤壶

虾

无论是在潺潺小溪里，还是浩瀚的大海里，水里的动物朋友们都有自己奇妙的生存方式。

沙蚕

从淡水哺乳动物到海洋鱼类，从庞大的鲸到微小的浮游生物，从海鸟到陆地上生活的鸟，当然，也包括蜘蛛和蛇——水生动物的世界真是丰富多彩、奥妙无穷。